# INSTRUCTION

## POUR

# LE JARDIN

## POTAGER,

### AVEC L'ART DE CULTIVER

les Fleurs, & pour cultiver & greffer les Arbres Fruitiers.

*Par ARISTOTE Jardinier de Puteaux.*

Seconde Edition revûë, corrigée & augmentée.

## A PARIS,

Chez CHARLES DE SERCY, au Palais, au sixiéme Pilier de la Grand'Sale, vis-à-vis la Montée de la Cour des Aydes, à la Bonne-Foy couronnée.

M. DC. XCVII.

*Avec Privilege du Roi.*

# INSTRUCTION
## POUR
# LE JARDIN
## POTAGER.

---

## *Raisonnable grandeur d'un Potager.*

**D**ANS cette Instruction, qui contient à peu prés tout ce qu'on peut avoir de qon dans un Potager raisonnablement grand, qui eſt environ de deux arpens & demi, ou trois arpens ; le Maître prendra la peine d'y marquer ce qu'il aime, ou ce qu'il n'aime pas, afin de garnir ſon Potager des choſes qu'il peut ſouhaiter , & en même tems défendre qu'on n'y en mette aucune qui lui déplaiſe.

## Diſtance pour le plant des Arbres.

Outre les Arbres qu'on peut mettre le long des Allées, c'eſt-à-dire tout autour des quarrez en diſtance égale, qui ſont dans les bonnes terres environ de douze pieds , & dans les moins bonnes, environ de neuf à dix.

## *Bordures.*

Et outre les Bordures qui doivent être de Thin, Lavande, Sauge, Sarriette, de Marjolaine, Hysope, Fraisiers, & jamais de Buis, parce qu'il n'est bon qu'à servir de retraite aux Limaçons, elles peuvent estre encore de quelques Fleurs qui ne demandent pas trop de soin, comme de Violettes, Mignardises, Oeillets de Poëte ; & de même aux endroits où on ne voudra pas mettre des Arbres, on peut à quelqu'un des côtez faire quelque Bordure de Groseilles de Hollande, soit rouges, perlées, ou piquantes, lesquelles même, si on veut toûjours avoir

des Arbres le long des Allées,
on peut mettre par bouquets
separez entre les Arbres, le
long des Allées ; comme aussi
on peut & on doit avoir en
quelque bout d'une des Bordures, quelques touffes d'Ab-
sinthe & de Rhuë, parce qu'on
peut en avoir besoin en quelque rencontre.

## Garniture du Potager.

Outre, dis-je, toutes ces
Bordures, on doit avoir dans
le Potager tout ce qui suit,
pour y trouver toûjours quelque chose à prendre dans chaque saison; sçavoir, Artichaux,
Cardons d'Espagne, Asperges,
Fraises, Patience, Bonneda-
me, Poirée, soit en confusion

pour le potage, soit Cardes pour l'entre - mets, Raves, Beteraves, Carotes, Panais, Réponces, Cheruïs, & même Taupinambours pour qui les aime; Bouroche, Buglose, E-chalote, Ail, Ciboules, Oi-gnons, Porreaux, Salsifix, tant celui d'Espagne qui est le Scorsonere, que le commun; Pourpier de deux sortes, verd & doré; Persil, tant frisé que l'ordinaire; Epinars, Chico-rée, tant la blanche ordinaire, que la sauvage; Pois verds, depuis le mois de Mars jus-qu'à la Toussaints; Féves, tant de Marais que de Haricot; Celeri, Persil de Macedoine, Choux de toutes sortes, selon chaque saison; sçavoir, Choux pommez, Choux de Milan,

Choux pancalins, Choux fri-
sez, Choux verds ; Laituës de
toutes sortes , tant pour pommer, que pour lier , sçavoir, la
Coquillée, la Crêpe blonde ,
la Crêpe verte, la Roïale & la
rouge , pour pommer durant
tout le Printems jusqu'à la
S. Jean, comme l'Imperiale &
la Romaine, qui sont Chicons
verds & Chicons rouges, pour
lier durant la même saison. La
Laituë de Gennes, soit verte,
soit rouge, qui depuis la Saint
Jean jusqu'à la mi - Septembre
l'emporte sur les autres, & ensuite la Roïale jusqu'aux grandes gelées.

## Nouvelles Salades.

Les petites Salades du Prin-

tems, qui font petites Laituës à femer par raïons fur
couche à la fin de l'Hyver &
à la mi-Janvier, & même fous
cloches, par raïons, ou autrement en plein champ. Les
fournitures qu'on feme en
même tems fur couche par
raïon, fçavoir, Cerfeüil, Pimprenelle, Corne de Cerf, Cref-
fon allenois, Fenoüil, jufqu'à
ce que la faifon foit un peu
adoucie.

On feme en pleine terre ces
mêmes fournitures, aufquel-
les on ajoûte pour lors l'Eftra-
gon, la Tripe-Madame, le
Baume, la Perce-pierre, le
Cerfeüil mufqué, les Cives
d'Angleterre, l'Ofeille ronde,
l'Alleluïa, la Chicorée fau-
vage.

Il faut encore avoir dans vôtre Potager des Melons, des Concombres, des Citroüilles, des Potirons, des couches à Champignons, des Framboises, tant blanches que rouges, du Bourdelais pour le Verjus. Il est encore bon d'avoir quelques Raisins, soit Muscat, soit Chasselas ; ce dernier vient bien par tout, pourvû qu'il ait du Soleil ; le Muscat demande la meilleure terre & la meilleure exposition. De tout ce que nous pouvons souhaiter dans nos Jardins, de ce qui est contenu dans la presente Instruction, il y a certaines choses qui occupent leur place tout le long de l'année, comme Artichaux, Fraisiers, Oseille ; & d'autres qui durent peu, & ne sont que passageres, comme Pourpier, Cerfeüil, Laituës; & il y en a qui demandent le grand Soleil, comme les Artichaux, le Celeri, le Pourpier; & d'autres qui viennent assez bien à l'ombre, & sur tout l'Eté, comme toutes les fournitures de Salade, & même tout ce qui monte en graine, comme les Laituës.

Il y en a qui se sement pour demeurer en place, comme Cerfeüil, Persil & autres; qui se sement pour être transplantez, comme les Laituës, tant à pommer qu'à lier, le Celeri, les Choux; & d'autres qui se plantent seulement, & qui ne se sement point, comme les Artichaux & Fraisiers.

Il faut pour l'agrément du Potager, proportionner la longueur & la grandeur des planches, à la largeur qu'elles doivent avoir : les plus larges doivent être de sept à huit pieds, & les moins larges de quatre à cinq.

Il les faut toûjours un peu reborder avec le rateau, pour contenir l'eau de pluie & d'arrousement, de-peur qu'elle ne s'écoule dans le sentier, où elle feroit inutile ; les sentiers doivent être larges d'un pied.

Et comme le Potager demande beaucoup d'arrousement, il faut mettre prés de l'eau ce qui a le plus besoin d'être arrousé, comme les Artichaux, l'Oseille, les Fraises, le Celeri ; & il faut encore

obſerver de ne replanter jamais , ni ‹ ſemer tant qu'on
peut , deux années de ſuite ,
une même choſe dans un même endroit, ſuivant cette Inſtruction.

## *Diſpoſition du Potager.*

Il me ſemble qu'un grand
Potager , diviſé en quatre
grands quarrez par le moïen
d'une grande allée en croix, &
ces quatre quarrez diviſez chacun en quatre moindres par
des petites allées, ou au moins
par de petits ſentiers , pourront être utilement emploïez
de la maniere qui ſuit ; ſçavoir ,

Deux quarrez pour les Ar-
tichaux, dont on en renouvel-

leroit un troisiéme tous les quatre ou cinq ans tout au plus.

Un quarré pour les Cardons d'Espagne , & pour le Celeri.

Un pour de l'Oseille , qui seroit divisé en six ou neuf planches , pour en renouveller tout les ans deux ou trois , & dans ce quarré , il faut une planche de Patience.

Un pour des Beteraves , avec une planche emploïée les deux tiers en Poirée en confusion , & l'autre tiers en Bonne-dame.

Un des plus écartez de tous, parce qu'il est puant, pour Ail, Oignons, Ciboules, Porreaux, Echalotes.

Un pour le Salsifix , tant

d'Espagne que commun, pour
les Carotes, Panais, Réponces, Cheruïs.

Un pour le Persil, Cerfeüil,
Pimprenelle, Pourpier, dans
lequel à la fin de l'Eté on se-
mera les Epinars; cela se fait
au mois d'Août. Il en faut semer à trois diverses fois, au
commencement du mois, &
puis vers le 15. & à la fin du
mois, pour en avoir dés les
premieres gelées, si on en veut,
& ensuite tout l'Hyver & le
Carême.

Un pour les Laituës à re-
planter durant le Printems &
l'Eté. Le quarré, aussi-bien
que tous les endroits vuides
à la fin de l'Eté, se rempli-
ront de Chicorée blanche pour
l'Automne & pour l'Hyver,

dont on ne peut avoir trop grande quantité.

Un pour les fournitures de Salades, qui pourront être toutes dans deux planches, parce qu'il en faut peu de chacune, hors de la Pimprenelle & du Cerfeüil ordinaire, dont il faut avoir davantage. Nous les avons mis dans d'autres quarrez, qui est le 10. Nous mettons deux planches de Chicorée sauvage, pour blanchir l'Automne & l'Hyver. Nous y mettons aussi des couches à Champignons.

Un quarré pour élever à part toutes sortes de graines, afin de ne voir jamais, tant que faire se peut, rien de monté en graine dans les autres quarrez, si ce n'est peut-être

de

de l'Oseille , Epinars ou de
la Pimprenelle.

Un grand quarré pour des
Asperges ; le quarré dure environ quinze ans , au bout des-
quels on en replante un autre,
& on ne détruit l'ancien que
quand le nouveau porte de
grosses Asperges , c'est-à-dire
au bout de trois ou quatre
ans.

Un quarré pour les Choux
pommez & les Choux-fleurs ,
tant l'Eté que l'Automne.

Un pour les Pois verds &
pour les Féves , tant de Marais que de Haricot : ce quarré, aprés la dépoüille des Pois
& des Féves , sera emploïé
pour les Choux d'Hyver.

Un pour des Melons &
Comcombres : il faudra mettre

B

dans quelque endroit écarté
des Citroüilles & Potirons,
qui demandent grande éten-
duë.

Le seiziéme quarré sera emploïé pour tout ce que l'on
seme, qui doit être replanté
toute l'année ; on mettra même dans ce quarré les Raves.

Comme d'ordinaire les Maî-
tres sont chez eux à la campagne les mois de Septembre &
Octobre , & même tout le
mois de Novembre.

## *De quelles choses le Potager doit être fourni pour l'Automne.*

Il faut avoir pour lors beaucoup de Chicorée blanche, de
Laituës de Gennes & de la

Roïale, du Celeri, des Cardons d'Espagne, des Champignons, Concombres, Melons, Citroüilles, Raves, Beteraves, Carotes, Panais, Cheruïs, Scorsonere, & Salsifix commun; un peu d'Epinars, & même des Pois & des Féves de Haricot jusqu'à Novembre, de l'Oignon, Ciboules, Porreaux, Choux pommez, Choux-fleurs, Choux blonds d'Hyver, de l'Oseille : les fournitures de Salades y seront toûjours.

## Soin pour les Artichaux.

Il faut aussi avoir de la Chicorée sauvage blanche, & des Artichaux ; ce sont ceux qui viennent sur les jeunes Oeille-

tons replantez au mois de
Mars, ou d'Avril, & qu'on a dû
tres-bien arrouſer , c'eſt-à-dire trois fois la ſemaine, une demi cruchée d'eau chaque fois
à chaque pied, juſqu'à ce qu'ils
ſoient forts & commencent à
faire tige , & pouſſer l'Arti-
chau ; car pour lors chaque
pied demande ſa cruchée d'eau
chaque fois. Il faut qu'il pleu-
ve extrémement , pour ſe diſ-
penſer de l'arrouſement.

## *Fruits , quels bons en cette ſaiſon.*

Il faut auſſi ſonger à avoir
en ce tems de bonnes Pêches
& de bonnes Poires en cette
ſaiſon ; les bonnes Pêches ſont
la Violette, tant hâtive que tar-

dive, la Roïale, l'Admirable, la Blanche-d'Andilli, la Bellegarde, la Pêche d'Italie, celle de Pô, de la Bonne-espece; c'est-à-dire celle dont le noïau ne s'ouvre pas, & dont la chair n'est pas dure & verte ; & même quelque Pêche jaune, & quelque Brugnon.

Pour ce qui est des bonnes Poires d'Automne, il me semble que les meilleures sont le Rousselet, la Vertelongue, l'Angleterre, le Beuré, le Messire-Jean, Bergamote, Epine d'Hyver, le Bon-Crêtien d'Espagne, le Petit-oin.

## *Ce qui doit être dans un Iardin à Pâques.*

Quand on est chez soi à Pâ-

ques, & un mois aprés, il faut
pour lors avoir des Raves, &
petites Salades par raïon sur
couche ; il faut le Pourpier, tant
verd que doré sous cloche : &
si l'Hyver n'a pas été trop rude, on pourroit avoir à la fin
d'Avril quelques Laituës pommées, qu'on auroit replantées
dés devant l'Hyver, à l'endroit
du Fruitier le plus exposé au
Midi. Il faut encore dans ce
tems-là des Epinars, du Salsifix des deux sortes, de la Chicorée sauvage, & toutes autres
racines. On aura pour le potage de l'Oseille & Poirée qu'on
aura conservé durant l'Hyver : on peut même avoir des
Asperges, par le moïen des ré-
chauffemens dans les sentier,
& des couvertures de fumier

fec pendant les grands froids.

## *Pour le tems de la Pentecôte.*

Pour le tems de la Pentecôte, il faut avoir pour lors beaucoup de Laituës pommées, fçavoir Crêpe blonde, Coquillée, ou Capucine, la Rouge, de la Roïale, de la Crêpe verte ; on a aufli de l'Imperiale à lier & des Chicons : il faut aufli beaucoup d'autres Salades de toutes fortes, avec les fournitures. Il faut de la Poirée pour le potage, des Cardes de Poirée qui auront été replantées dés devant l'Hyver, & bien couvertes durant les grandes gelées & neiges, aufli bien que les Artichaux & le

Perſil. C'eſt pour lors la ſaiſon des Aſperges, & des premiers Pois verds, qu'on doit avoir ſemez dés les Avents à quelque bon abri. Il faut même avoir toûjours quelques Raves ſemées par ci par là dans les endroits du Jardin les plus froids, ou les plus prés des arrouſemens. On peut même dés ce tems avoir quelques Concombres ; mais cela demande une terrible ſujetion & un grand amuſement pour en avoir de bonne heure : on commence même d'avoir quelques Artichaux, dont la grande abondance eſt au mois de Juin & Juillet. Il faut auſſi en ce tems avoir des Ceriſes precoces, & des Fraiſes.

Voilà à peu prés non-ſeulement
ment

ment ce qu'un Potager d'une
grandeur raisonnable doit fournir, mais encore ce que particulierement il y faut prendre
dans les trois saisons ci-devant
marquées, dans lesquelles d'ordinaire on est à la Campagne.

Reste à sçavoir en détail ce
qu'il y a à faire dans chaque
mois de l'année, & la maniere
de le faire, pour pouvoir semer & recueillir à propos ce
que l'on souhaite, & pour pouvoir emploïer utilement le
tems du Jardinier toute l'année, tant au Potager qu'au
Fruitier & aux Allées, & même ce qu'il faut avoir de Fleurs
aisées dans les Parterres, quand
on les veut avoir agréables à
peu de frais.

C

# *JANVIER.*

ON taille les Arbres qui ne sont ni trop forts ni trop foibles : on palisse les Espaliers qu'on a taillez pour leur donner la premiere belle disposition : on plante des Arbres, on foüille au pied de ceux qui ont paru jaunes ou malades ; cela se fait depuis le mois de Novembre jusqu'en Mars : on fait des ouvrages en bois si on en a à faire : on fait sur la fin du mois, des couches pour les petites Salades par raïons pour les premieres eaux ; & les laituës, soit à manger, soit à replanter, on les éleve sous clo-

ches, selon la rigueur de l'Hyver.

## *Pour les Couches.*

La Couche en la faisant, doit être haute d'environ un pied & demi de fumier chaud, elle se reduit en s'échauffant à l'autre moitié moins : on la couvre d'un bon demi pied de terreau, ou fumier menu : il ne la faut semer qu'aprés que sa grande chaleur est passée ; ce qui est d'ordinaire de sept ou huit jours.

## *Premieres Laituës.*

Et pour faire de beaux raïons de Laituës, & les faire lever promtement, il est bon

de faire tremper dans l'eau
vingt-quatre heures la graine
de Laituës ; on la met pour cela dans quelque fac de toile :
& aprés être trempée on la
garde deux ou trois jours pen-
duë en un endroit chaud comme une cave, afin qu'elle foit
toute germée devant que la femer ; il la faut mettre fort é-
paiffe dans les raïons affez larges : les raïons fe font avec
quelque manche de Bêche, ou
quelqu'autre gros bâton à peu
prés de la groffeur de la poi-
gnée de la Bêche ; on couche
ce bâton fur le terreau, & on
l'appuie fortement pour le faire penetrer dans le terreau, enforte qu'il y entre prefque tout-
à-fait. On prend enfuite la
graine avec un petit verre de-

dans les vaisseaux ou on l'a mi-
se ; on la seme avec ce verre,
& aprés on la recouvre fort legerement avec des petits bouts
de bâton de la grosseur d'une
paille , avec lesquels on fait
tomber sur la graine des deux
côtez du raïon le terreau qui
s'étoit élevé quand on a en-
foncé le gros bâton pour faire
le raïon : on peut se passer de
faire tremper la graine si on
veut , & pour lors elle est un
peu plus long-tems à lever.
Il faut en tout cas que le raïon
soit plein de graine de l'épaisseur d'un écu par-tout ; moïen-
nant cela on aura de tres-belle
Salade.

## Raves.

Il ne faut point faire trem-

per la graine de Raves, parce
qu'au bout de trois ou quatre
jours elle feroit toute en boüil-
lie : c'eft une graine qui leve
aifément, & pour en avoir de
belles fur couches, il faut faire & difpofer la couche comme deffus, & prendre un bout
de bâton rond pointu, & gros
de deux pouces, & faire avec
ce bâton des trous dans le terreau, à peu prés de la profondeur de tout le terreau ; faire
ces trous proprement par ran-
gées, chacune éloignée de trois
bons doigts, & chaque trou un
peu moins, & dans chacun
mettre trois ou quatre grains
au plus, & ne les pas recouvrir
de terreau : fi le tems eft froid,
il faut recouvrir la couche toutes les nuits avec de grande

paille menuë de Seigle, de l'é-
paiſſeur d'un pouce, & l'ôter
quand le Soleil donne deſſus;
& ſi le mois de Janvier eſt extrémement froid, il faut remettre à faire ces couches juſ-
ques vers le dix & onze de Fé-
vrier.

On peut faire tremper le
Cerfeüil, ſi ou veut, autant
que la graine de Laituë: la Cor-
ne-de-Cerf, & le Creſſon allenois levent aſſez aiſément
ſans être trempez : tout cela
ſe doit ſemer par raïons, comme les petites Laituës. Il n'eſt
pas neceſſaire de faire tremper
la graine de Laituë que l'on
ſeme en plein champ ſur la
couche ſans cloche, ou ſous cloche. Il faut ſemer l'un & l'autre fort clair, ſoit pour man-

ger en petite Salade, ou pour
replanter en Mars & Avril. Les
premieres Laituës qu'il faut semer sur couche, sont la Coquillée, les Crêpes-vertes & blon-
des, la Roïale, & la rouge ; les
Pommées, l'Imperiale, & les
Chicons sont pour lier.  On seme aussi dans ce mois, des pois
à quelque bon abri ; on peut
même, si on veut, les faire
tremper devant.

## FEVRIER.

DEs le commencement, il
faut encore faire quel-
ques couches pour les mêmes
choses ci-dessus ; & même y
semer de la Poirée à replanter,

si l'Hyver a ruiné ce qu'on en avoit; y femer auffi de la Bou-roche, de la Buglofe, fi on veut.

## *Premiers Melons.*

Vers le quinze ou vingt du-dit mois, on feme les premiers Melons & Concombres fous cloches, fur couches préparées fept ou huit jours devant. On feme le premier Celeri & les Fleurs de Parterre : on commence à femer du Pourpier verd fous cloche ; le doré eft trop délicat, il faut attendre la mi-Mars. On feme fur couche les premiers Choux-fleurs, & les Choux pommez pour l'Eté, fi on n'en a pas femé en Pepiniere dés la fin d'Août.

## *Inſtruction pour lus Aſperges*

On réchauffe les plantes d'Aſperges, ſi on veut en avoir de bonne heure ; cela ſe fait ainſi : on enleve toute la ter-re qui eſt entre les planches des Aſperges, d'un bon pied & de-mi de profondeur, & le rem-pliſſant de fumier chaud, ſur lequel, à meſure qu'il s'affaiſ-ſera on en remetra d'autre en-core tout chaud ; & pour bien faire il faudra remuer le pre-mier de fonds en comble, & mêler le nouveau avec. Il faut outre cela bien couvrir la plan-che d'Aſperges avec de vieux fumier & ſec ſans chaleur, & augmenter la couverture à me-ſure que le froid augmentera,

& la diminuer à proportion.
On y regardera de tems en
tems, pour cueillir les Asperges qui auront poussé : Dés
qu'on a commencé d'en cueillir une fois, il faut ensuite y re-
garder tous les jours.

On commence à semer en
pleine terre dés la fin du mois,
si les grandes gelées paroissent
passées, ce qui est long-tems
à lever, ou qui fait grande racine, comme Oignon, Chicorée sauvage, &c.

On taille les Arbres qu'on
n'a pû tailler le mois precedent,
soit en Buisson, soit en Espalier, sans se mettre jamais en
peine de Croissant, de pleine
Lune ni de décours.

On greffe en fente toutes
sortes d'Arbres ; on plante aussi

des Arbres & de la Vigne, des Framboisiers, Groseillers ; on porte du fumier aux endroits où on en a besoin ; on laboure & prépare les terres, quand la gelée ne l'empêche point ; on plante aussi des grosses Féves de marais.

On peut replanter sur couche des Laituës d'Hyver qu'on avoit semé à la fin d'Août, & par ce moïen on en peut avoir de pommées de bonne heure.

## Champignons.

On peut en ce tems-ci faire quelque couche sourde pour des Champignons d'Eté ; cela se fait en creusant un bon demi pied dans quelque terre menuë & seche, & y dreſſant une couche de fumier, ſec & chanci, de la hauteur d'un grand pied, & bien trepigné , & la recouvrir trois ou quatre doigts de cette même terre neuve.

A la fin de ce mois ou au commencement du ſuivant, il faut couper l'extrémité des branches de Framboiſiers , & ôter les petites , qui font de la confuſion au pied.

## MARS.

ON fait tout ce que deſſus, ſi on ne l'a pû faire les mois précedens, tant pour le Potager que le Fruitier ; on ſeme en pleine terre toutes ſor-

tes de Legumes & Herbes po-
tageres, Oseille, Poirée, &c.

On replante des Asperges &
les premiers Choux, tant à
Fleur que pommez.

On découvre petit à petit
les pieds des Artichaux butez,
pour les accoûtumer à l'air, &
pour commencer à œilletoner,
si le tems est doux, & qu'ils
soient forts.

On remet les Tubereuses en
pot dans les couches. Cela se
fait en coupant toutes les vieilles racines de l'Oignon jusqu'à
l'épaisseur d'un quart d'écu prés
de l'Oignon. On remplit le
pot de bon terreau, & on met
dedans les Oignons enfoncez
de deux doigts seulement ; on
y met plus ou moins d'Oignons,
suivant qu'ils sont plus ou

moins gros , & fuivant que
les pots font plus ou moins
grands. On prend garde fur
tout que la gelée ne donne
pas deffus : pour éviter cét in-
convenient, il faut de deux cho-
fes l'une , ou courir les pots
avec des cloches, & même les
cloches avec du fumier fec,
quand les nuits font dangereu-
fes : il ne les faut point arroufer pendant ce tems-là, la chaleur & l'humidité de la couche
les tient affez moites pour les
faire pouffer. Mais quand les
grands froids font paffez, il eft
bon de les arroufer un peu , &
deux fois par femaine , jufqu'à
ce que dans les mois chauds on
leur en donne davantage , &
qu'on les arroufe prefque tous
les jours. L'Oignon qui a une

fois fleuri ne refleurit plus ; il
ne fert de rien de le mettre en
pot, à moins qu'il n'ait de fort
petits caïeux attachez, & fans
racine ; & pour lors il le faut
remettre en terre, pour achever à faire fortifier fes caïeux
jufqu'à l'année fuivante. Les
pots de Tubereufes font bien
dans les couches en tout tems,
mais on peut les ôter fi on veut
environ la Saint Jean ; & quand
l'Hyver approche, c'eft à dire
environ la Touffaint, il faut
coucher fur le côté tous les pots,
hors ceux qui ont encore quelque tige montante & prête à
fleurir, lefquels il faut foigneufement garantir de gelées, &
pour cet effet les ferrer tous
les jours en quelque endroit
où le froid ne les puiffe tou-
cher

cher. Il faut laisser les pots couchez pour le moins une quinzaine de jours, & qu'ils soient à quelque bon abri exposé au Soleil, afin que tant l'Oignon que la terre se séchent extrémement ; & pour lors il faudra mettre ces pots dans une bonne serre ou cave, jusqu'aux airs nouveaux, qu'il faudra recommencer, comme je vous viens de dire; & prendre garde que les couches ne soient que mediocrement chaudes ; c'est-à-dire, comme pour replanter des Concombres.

## *Laituës.*

Dans ce mois on commence à semer du Cerfeüil en pleine terre, peu à la fois, à continuer

D

de quinze en quinze jours juſqu'à la fin d'Octobre ; on y
ſeme auſſi les premieres Laituës,
& la premiere Chicorée, pour
en avoir de blanche à la Saint
Jean..

## Chicorée.

On ſeme la Chicorée ſau-
vage, pour en avoir de blanche
& forte pour l'Automne..

## Celeri.

On ſeme du Celeri pour en
avoir de tardif, qu'on replan-
tera au mois de Juillet.

## Cardons.

A la fin du mois, on ſeme en

place dans des trous pleins de
fumier, les premiers Cardons
d'Eſpagne.

## *Difference pour la taille des Melons & Concombres*

On greffe & on plante la
Vigne ; on replante ſur couches
les Melons & Concombres ,
quand on en a d'aſſez forts
pour cela ; les couches pour
Melons ſe peuvent replanter
au bout de ſept ou huit jours :
celles des Concombres ne ſont
bonnes qu'aprés une quinzaine
de jours ; c'eſt un plant tres-
delicat , & difficile à gouverner en ce tems-là ; ſur toutes
choſes il craint la grande chaleur des couches, & veut toûjours être un peu humide :

D ij

quand les pieds commencent à
avoir de grands bras, il n'y faut
point épargner l'eau trois ou
quatre fois la femaine, & être
foigneux de les tailler auprés
le troifiéme nœud, au lieu
qu'aux Melons c'eft aprés le
Melon.

## Figuier.

Dans ce même mois on
taille le refte des Arbres, hors
les tres rigoureux ; on ôte les
branches mortes des Figuiers.

## Choux.

On replante en pleine terre
les Laituës qu'on a levées durant l'Hyver, & fur couches
les mois precedens : on re-

plante des Choux pommez , &
Choux - fleurs , pour l'Eté &
pour l'Automne : on laboure
les Arbres , pour avoir achevé
devant qu'ils ſoient en fleurs :
On ſeme ſur couches ſous cloches du Pourpier doré vers la
mi- Mars.

## AVRIL.

ON fait ce qu'on n'a pû
faire le mois de Mars,
& ſur tout ſi la ſaiſon a été
trop rude , comme il arrive ſouvent, ſoit pour ſemer, ſoit pour
planter.

On commence à ſemer à
quelque bon abri, du Pourpier
verd en pleine terre , peu cha-

que fois, pour continuer de quinze en quinze jours juſqu'au mois de Septembre ; on ne commence à y en ſemer de doré qu'à la S. Jean.

## *Laituës de Gennes.*

A la fin de ce mois, il faut ſemer la premiere Laituë de Gennes, à continuer à en ſemer fort peu & fort clair de quinze en quinze jours juſqu'à la fin de Juillet, pour continuer à en replanter de quinze en quinze jours.

## *Amandes.*

On replante des Raves pour en avoir de la graine : on met dés le commencement du mois

en terre les Amandes ger-
mées, & on amaſſe ſoigneuſe-
ment les Limaçons.

## M A Y.

ON taille au commence-
ment de ce mois les Ar-
bres furieux, & qui ne pouſſent
qu'en bois, ſoit Pêchers, Abricotiers, Poiriers, Pruniers, ou
Pommiers.

### *Pincement des Arbres.*

On pince les gros jets des
Pêchers & Abricotiers à trois
ou quatre yeux, & continuë
tout le reſte de l'Eté juſqu'au
commencement d'Août : on

pince même pour une fois les branches des Poiriers & Pommiers qui pouffent de grande furie ; ce qui arrive d'ordinaire aux Arbres vigoureux greffez en place, ou taillez fort courts, & fur tout quand naturellement ils font de petites branches fur le jet de l'année, com il arrive à l'Ambrette, Virgoulée, &c.

## *Paliffage.*

On commence à la mi-May à faire le premier paliffage, pour l'avoir achevé tout le plûtôt qu'on peut dans le mois de Juin : il faut être fort exact à faire ce paliffage & pincement, fur tout des Pêchers & Abricotiers, afin de recommencer

à

à pincer & palisser les nouveaux jets à la fin de Juin. Il
faut en palissant coucher generalement tout ce qui se
peut coucher ; n'arracher jamais pas une branche ; couper à l'épaisseur d'un écu celles qui ne pourront se coucher ; croiser les branches le
moins qu'on peut, si ce n'est
pour couvrir quelque vuide,
qui est la chose la plus désa-
greable qu'on puisse voir aux
Espaliers.

## *Tonte du Buis, & autres Palissades.*

On fait la tonte du Buis &
de toutes sortes de Palissades.

E

## Soin des jeunes Greffes.

On lie avec de la paille les Greffes à œil dormant, qui ont commencé à pousser dés le mois de Mars, ou d'Avril : on ébourgeonne soigneusement les faux jets.

On seme les Féves de Haricot trois fois dans ce mois, quand on en veut avoir long-tems ; c'est-à-dire, dix jours de difference d'une fois à l'autre : on en a du fruit dans deux mois ; ainsi des Pois.

On seme de la Chicorée pour en avoir à la fin de Juillet ; celle qui a été semée de bonne heure, blanchit en place, pourvû qu'elle soit clair-semeé & bien arrousée.

On feme encore & plante de la Laituë de Gennes.

On feme en place de la Ci-troüille, des Potirons dans des trous pleins de fumier, à dix ou douze pieds l'un de l'autre.

On replante du Pourpier pour en avoir la graine.

## Sortie des Orangers.

On fort à la mi-May les Orangers de la ferre, aprés leur avoir donné quinze jours de l'air par les fenêtres ouver-tes par le beau Soleil.

Les grands arroufemens com-mencent en ce tems, & fur tout aux Fraifiers, pour faire groffir le fruit.

Vers le huit de ce mois & non plûtôt, on replante en

pleine terre les Melons élevez
sur couches, pour en avoir de
tardifs.

## JUIN.

ON fait tout ce qu'on n'a
pû faire le mois prece-
dent.

On seme encore de la Chi-
corée & de la Laituë de Gennes pour le reste de l'année.

On seme les premiers Choux
blonds pour l'Automne & pour
l'Hyver.

On replante des Cardes de
Poirée pour en avoir de belles
l'Automne.

On prend garde que les
mauvaises herbes ne grainent;

il les faut ôter même devant qu'elles fleuriffent.

On ébourgeonne les faux jets des Poiriers, en les coupant à l'épaiffeur d'un écu du lieu dont ils fortent.

Les arroufemens fe font avec foin fur tout le Potager, & particulierement fur les Fraifiers & Concombres tous les jours, fur les Melons raifonnablement deux ou trois fois la femaine, felon le hâle qu'il fait ; c'est à dire, environ une cruchée d'eau à trois pieds.

On greffe à la pouffe toutes fortes de fruits, & fur tout les fruits à noïau ; le vrai tems est environ la mi-Juin, huit jours avant le Solftice.

On rame les Pois & les Féves de Haricot, lefquelles le

peuvent être.

On laboure par un tems sombre & pluvieux les terres naturellement seiches , & par un tems chaud celles qui sont trop humides.

********* : * : *****

## *JUILLET.*

ON fait dés le commencement du mois tout ce qu'on n'a pû faire dans le precedent.

On seme des Chicorées pour l'Automne , & encore des Laituës de Gennes pour le reste de l'Eté ; on seme quelques Ciboules, & de la Poirée pour l'Automne.

On greffe à œil dormant les

Pêchers , Pruniers & Abricotiers fur Pruniers , & les Cerifes fur le Merifier.

On feme pour la derniere
fois des Pois à la mi-Juillet ,
pour en avoir en Septembre &
Novembre. On feme quelque
peu de Raves en pleine terre
aux endroits froids, ou extrémement arroufez, pour en avoir
au commencement d'Août.

On feme à la fin du mois des
Laituës roïales, pour en avoir
de pommées à la fin de l'Automne.

On commence à replanter
des Choux blonds pour la fin de
l'Automne & pour l'Hyver.

On feme à la fin du mois un
peu d'Epinars, fi on veut en
avoir à la Touffaints.

E iiij

On replante le dernier Celeri.

On greffe à la mi-Juillet
à œil dormant les Pruniers &
Cerifiers, & enfin les Coignaffiers font les derniers à greffer
dans ce mois.

On arroufe extrémement.

On repaliffe les Pêchers, &
on commence à donner de l'air
aux Pêches hâtives ; on pince
encore les gros jets.

## *AOUST.*

ON fait la même chofe
qu'au mois precedent, &
dés la mi-Août on feme des
Epinars pour l'Hyver, & le
Carême.

On plante les Cardes de Poirée pour en avoir de bonnes aprés Pâques & aux Rogations.

On nettoïe les vieux Fraisiers de toutes leurs vieilles feüilles, & on replante de nouveaux Fraisiers, choisissant toûjours ceux qui ont des racines blanches ; les plus jeunes sont toûjours les meilleurs.

La veritable maniere de planter les Fraisiers, c'est de creuser des planches d'un bon demi pied, & larges de quatre ; élever des deux côtez sur les sentiers la terre qu'on a creusé, afin d'en reprendre deux ou trois ans de suite pour rechauffer les pieds, qui naturellement s'élevent hors de terre ; par ce moïen les Fraisiers

se conservent frais & vigoureux, & sont de tres-belles &
tres-bonnes Fraises ; pourvû
qu'on ait bien fumé la planche
devant que de planter, & qu'on
soit soigneux d'arrouser durant
les mois de Juin & Juillet,
que le fruit est sur le pied.

On recueille ses graines, & on
seme des Raves en pleine terre
pour l'Automne.

A la fin du mois, on seme à
quelque bon abri des Choux
pommez en pepiniere pour l'année suivante, & des Laituës
d'Hyver qui sont à coquille,
tant pour en replanter aussi à
l'abri en place, que pour en
avoir de toutes endurcies au
froid, à pouvoir être replantées aprés l'Hyver, soit en
pleine terre au mois de Mars,

foit fur couche dés le mois de Fevrier.

On feme des Oignons pour en avoir de bons l'année fuivante dés le mois de Juillet.

On replante encore des œilletons d'Artichaux.

On replante beaucoup de Chicorée, & même des Laituës Roïales, pour en avoir de pommées tant pour le potage, que pour les falades, durant l'Automne & l'Hyver.

On feme des Mâches pour le Carême ; on replante encore des Choux verds.

On greffe des Pêchers fur les vieux Amandiers & Abricotiers : les Prunes réüffiffent affez heureufement fur Abricotiers venus de noïau.

On tond pour la feconde fois

les Paliſſades, on acheve de pa-
liſſer les Pêchers pour la derniere fois, & on découvre petit
à petit les fruits des Eſpaliers.

C'eſt dans ce mois & le ſuivant qu'on a l'abondance des
Pêches.  Il les faut ſçavoir
cueillir proprement , ſans les
gâter & les meurtrir en les preſ-
ſant avec les doigts. Il ne faut
ſimplement que mettre la main
ſur la Pêche & la ſoulever un
peu, ou la tirer à ſoi ; elle ſe
détachera ſi elle eſt meure ; &
ſi elle ne ſe détache point, il
la faut laiſſer juſqu'à une autre
fois.

# SEPTEMBRE.

ON fait la même chofe qu'au mois precedent : on replante beaucoup de chicorées, & on commence à les mettre plus prés que dans les mois precedens, parce qu'elles ne deviennent pas fi large ; il en faut replanter dans toutes les places vuides.

On replante encore des Choux verds ou d'Hyver ; on replante auffi de jeunes Fraifiers ; on regarnit la place des morts ; on en met en Pepiniere pour mettre en place aprés l'Hyver.

On greffe à œil dormant les

Pêches fur Amandiers; pourvû qu'ils aïent de la féve ils réüfliffent tres-bien.

On lie quelques pieds de Cardons d'Éfpagne , & d'Artichaux, pour en avoir de bonnes Cardes au bout de quinze jours ou trois femaines ; pour cet effet on les entoure de fumier fec.

On lie & on butte avec des feüilles feches ou fumier fec le Celeri, pour le faire blanchir.

On lie auffi un peu les Choux-fleurs par la tête.

On couvre de terreau les Ofeilles coupées.

On lie encore quelques touffes de Chicorées quand elles font affez grandes pour cela. On couvre les autres de fumier se, pour blanchir.

On replante en pepiniere à quelque bon abri les Choux à pomme semez le mois precedent, pour en avoir de bons à replanter en place incontinent aprés l'Hyver, qui seront pommez vers le mois de Juillet, & même vers la S. Jean

On replante aussi en place à quelque bon abri des Laituës d'Hyver, pour en avoir de pommées de bonne heure ; c'est-à-dire vers le commencement de May.

## OCTOBRE.

LA même chose qu'au mois precedent, hors pour

les greffes dont la saison est passée.

On seme à la fin du mois le dernier Cerfeüil sur terre, afin qu'il soit levé devant les grandes gelées.

On seme des Epinars pour en avoir aux Rogations.

On couche les pots de Tubereuses.

## *Serrer les Orangers.*

On remet les Orangers & les Tubereuses dans la serre ; on leur laisse les fenêtres ouvertes le jour, durant qu'il ne gele pas, & toûjours fermées la nuit, jusqu'à ce qu'enfin durant l'Hyver on ferme par tout exactement, & on a soin de rechauffer la serre. Il dépend
du

du tems qu'on a dans ce mois, pour sçavoir si ce doit être dés le commencement qu'on doit serrer les Orangers, ou s'il faut attendre à la fin : les gelées de la nuit doivent servir de regle pour cela ; elles sont trop dangereuses à ces sortes d'Arbres, & ainsi il y faut extrémement prendre garde.

## Tygres.

On ramasse exactement toutes les feüilles de Poiriers qui ont des Tygres, ou de leur couvain, pour les faire sur le champ brûler ; on ne peut être trop exact à cela.

J'ai oublié de dire que dés le mois de Juin il faut éplucher les Arbres qui en sont attaquez,

F

ôter les feüilles où il en paroît
& les brûler : c'eſt en ce tems-
là que le couvain de l'année
precedente éclôt & pullule in-
finiment ; les vieux en fònt de
nouveaux , & ainſi il faut pre-
venir ce mal dans ſon origine :
c'eſt une occupation des Jardiniers pour une heure ou deux
chaque jour de Dimanche ,
ou de Fête.

## Limaçons.

J'ai pareillement oublié de
dire que tous les jours ſombres
& pluvieux , il faut parcourir
les Arbres , tant en Eſpaliers
qu'en Buiſſons , pour en ôter
les Limaçons , qui gâtent extrémement les fruits , & ne
gâtent pas moins le Raiſin.

On cueille fur la fin du mois les Poires d'Hyver ; & tant qu'on peut on prend le tems du declin de la Lune , & par un jour tout fec & aux environs de midi. On les met enfuite fept ou huit jours en un tas à l'air au milieu d'une chambre devant que les mettre dans la ferre : on ne les touche tant que faire fe peut que par la queuë ; & dans la ferre on prend garde qu'elles ne fe touchent pas les unes les autres : l'expedient le plus commode pour cela, eft d'avoir du fable fort delié, ou de la cendre bien paf-fée, ou du grais caffé & mis en poudre, & en mettre un doigt d'épais fur les planches ; enfor-te que chaque en la plaçant faf-fe elle-même fa niche & fe tienne droite ; par ce moyen s'il s'en gâte une elle ne gâte jamais fa voisine. La ferre ne fçauroit avoir trop peu d'air, & fur tout quand on veut que les Fruits meuriffent bien fort ; fi bien que pour avancer ou reculer leur maturité, il leur faut plus ou moins donner d'air ; la gelée eft leur plus grand malheur,, & par tout il la faut foigneufement éviter.

## *Couches à Champignons.*

On défait les vieilles couches de Melons , & on prend tout le fumier chanci pour en faire les couches à Champignons. On met en dos-d'âne du terreau deffus, & on les couvre de fumier fec par tout, fi les gelées viennent un peu gaillardes.

## NOVEMBRE.

ON fait le labour des terres naturellement seches, afin de les mettre en état de recevoir les pluies qui viennent d'ordinaire en cette saison.

## *Butter les Artichaux.*

On butte les Artichaux par un tems sec ; on porte de grand fumier sec tout auprés, pour l'avoir à point nommé prêt pour les couvrir aux premieres gelées un peu gailiardes : on les couvre plus ou moins selon que les gelées sont plus ou moins fortes ; on manque plûtôt pour ne les pas couvrir assez que pour les couvrir trop. On leur donne quelquefois un peu d'air aux environs de midi quand il fait beau Soleil ; il faut toûjours se défier de la nuit.

On acheve de lier les Chicorées, s'il y en a d'assez longues pour cela ; & communément on les couvre toutes de fumier sec plus ou moins selon les gelées : on met en terre en pepiniere dans la serre ou dans la cave tout ce qu'on en a pour l'Hyver.

On fait la même chose du Celeri, des Cardons & des Beteraves & autres racines , devant que la gelée les ait pû gâter.

On taille les Arbres peu vigoureux, soit à pepin, soit à noïau, soit en Buisson, soit en Espalier.

## *Vrai tems de planter.*

C'est le bon tems de commencer à planter toutes sortes d'Arbres, tant Poiriers, que Pommiers, Pruniers, Pêchers, Abricotiers & Cerisiers ; comme aussi Groseillers, Framboisiers, & même la Vigne.

On ramasse tout ce qu'on peut de feüilles des bois, tant pour couvrir les Chicorées & le Celeri, que pour en faire de tres-bon fumier dans quelque trou un peu humide.

On commence à foüiller au
pied des Arbres malades, pour
en ôter les racines trop hautes
& trop baſſes, rafraîchir par
le bout une partie des autres &
les regarnir de bonne terre neuve, c'eſt-à-dire de celle qui a
été à l'air toute l'année; & on
met enſuite par deſſus cette terre un lit de fumier, qu'on recouvre ſeulement de deux
doigts de terre pour le cacher
à la vûë.

## Cendres.

Si on a des cendres, ſoit qu'elles aïent déja été à la leſſive
ou non, on les met au pied de
ces Arbres malades; ce leur eſt
un merveilleux amendement.

On arrache ou on coupe
tout

tout bas en terre les branches
de Framboisiers qui ont don_
né du fruit l'année ; & on é_
claircit les nouveaux pour en
ôter la confusion.

## DECEMBRE.

ON acheve de faire tout ce
que nous avons marqué
le mois precedent, si on ne l'a
pû achever.

On porte les fumiers par
tout où on en a besoin.

On prepare la place des cou_
ches, & les choses qui leur sont
necessaires, comme paillassons
& autres.

On donne aux Arbres des
Espaliers la disposition des

G

grandes branches qui doivent faire un bel Arbre. Comme il arrive quelquefois qu'il meurt, sur tout aux fruits à noïau, quelque branche considerable qui rendroit la figure de l'Arbre toute estropiée si on n'y remedioit, il faudra pour lors étendre en cet endroit les branches qui paroissent faire de la confusion, & resserrer celles qui seroient trop étalées, & ne conserveroient pas à l'Arbre la rondeur & l'égalité qui lui sont necessaires pour être agreable,

## *Noïaux & Amandes, & moïen de les élever.*

On met en terre aux environs des Fêtes de Noël, dans quelque manequin à la cave

les Noïaux & Amandes que
l'on veut planter le Printems
& le mois d'Avril : pour lors
ontrouve germé ce qui est bon,
on a tout le mois d'Avril pour
cela. Il y a quelques Amandes
qui sont plus dures à germer
les une que les autres : & ainsi
aprés avoir retiré du manequin
celles qui étoient germées,
pour mettre aussi-tôt dans la
place du Jardin qu'on leur a
destinée, environ trois doigts
avant dans terre ; on remet les
non - germées dans le même
manequin, qu'on laisse pour lors
à l'air sans le rapporter à la cave : on le met à quelque belle
exposition ; on l'arrouse deux
ou trois fois : au bout d'une
quaizaine de jours, on regarde
encore celles qui sont germées,

pour les placer aussi-tôt ; & on
rejette absolument les autres,
comme inutiles & pouries.

## *Comme il les faut mettre en manequin, & les met-tre en place.*

La maniere de les mettre en
manequin, est de mettre un lit
de terre, ou sable, ou terreau,
deux ou trois doigts d'épais au
fond du manequin, & ranger
dessus les Amandes sur le plat
& toujours la pointe en dedans;
& quand ce premier lit de terre est ainsi couvert d'Amandes,
on le recouvre encore de deux
ou trois doigts de pareille terre, ou terreau, ou sable ; & si on
a davantage d'Amandes, on
continuë de faire d'autres lits

comme le premier.

La maniere de mettre en place ces Amandes germées, & de leur rompre avec l'ongle le bout de ce germe qui feroit le pinot, afin qu'ensuite il se fasse beaucoup de racines tout au tour; & aprés que ce pinot est rompu on met en terre les Amandes avec leur coquilles, dans la même situation que j'ai dit qu'il les falloit mettre dans le manequin, c'est-à-dire sur le ventre.

Aprés avoir dit, autant que mon peu de lumiere & d'experience en nature d'Agriculture me l'a pû permettre, ce que j'ai crû devoir être fait non-seulement en chaque saison de l'année, mais aussi en chaque mois, en distingant le milieu du commencement & de la fin ;

Il ne reste autre chose à dire, qu'à exhorter sur toutes choses le Jardinier de prendre garde qu'il ne se laisse jamais gour-
mander à son ouvrage, & qu'il
fasse toûjours de bonne heure
ce qui se peut.

## Negligence nuisible.

On manque plûtôt d'ordi-
naire par differer à faire son ouvrage, que par l'avancer un peu :
les profits du Jardinage ne sont
que pour les diligens & les soigneux ; toutes les disgraces sont
pour les paresseux : si bien qu'il
est necessaire, pour éviter l'In-
convenient de cette maudite
negligence, que le Maître pren-
ne la peine de donner par avan-

ce chaque mois, ce que cette Inſtruction avertit devoir être fait, & qu'il ſe faſſe rendre compte à lui-même dans ſon Jardin, quand il y eſt, ou par Lettre quand il n'y eſt pas, ſi on a fait le mois precedent ce qu'il avoit ordonné. Le veritable ſecret pour avoir un beau & bon Jardin, eſt de n'avoir aucune indulgence pour l'ouvrage ; enſorte qu'on ne laiſſe jamais rien à faire & à le faire bien, & de bonne grace. Il ne faut jamais auſſi pardonner à la mal-propreté, tant au labourage qu'aux allées, c'eſt-à dire qu'il ne faut païer les gages du Jardinier, qu'à proportion de ce qu'il ſe ſera bien acquitté de ſon devoir.

J'eſtime qu'il faut labourer

trois fois le Fruitier, comme je
l'ai marqué dans les mois ci-
devant ; & durant l'Eté, il faudra ferfoüetter & biner autant
de fois que les herbes repouf-
feront ; & pour le pouvoir faire proprement, il faut faire des
fentiers d'un pied entre chaque rangée d'Arbres pour ferfoüetter à droit & à gauche, fans
jamais marcher fur le labour ;
le fentier d'un pied fuffira.

## *Remarque pour les Gro-*
## *feillers.*

Il faut fe fouvenir de ne replanter jamais rien, tant que
faire fe pourra, au pied de ces
Arbres, tout au moins à deux
bons pieds de la tige : couper
tous les ans les branches des

Groſeillers qui ont donné du
fruit, & ne laiſſer que les jeunes qui ſont venuës de l'année,
& ſur tout des vigoureuſes qui
ſont ſorties du pied. Il n'y a
que celles-là qui font de belles greffes des belles Groſeilles.
Il faut par-deſſus cela, être ſoigneux d'en replanter tous les
ans de nouveaux pieds, ſoit
qu'ils aïent racine ( ce qui eſt
le mieux ) ou qu'ils ſoient ſimplement de bouture pour en
avoir d'enracinez : il faut but-
ter dés le mois de Mars les vieux
pieds qui pouſſent beaucoup de
rejettons ; deux où trois doigts
de terre ſuffiront pour cela.
Les Groſeillers demandent une
belle expoſition par la tête,
c'eſt-à-dire où le Soleil donne
de tous côtez : l'Eſpalier ne

leur vaut rien, & demandent
le pied frais ; c'est-à-dire que si
naturellement il n'est humide,
il faut être soigneux de le bien
arrouser durant tout le mois de
May & le commencement de
Juin , jusqu'à ce qu'on commence à cueillir des Groseilles ; & pour cela il faut faire
des cernes autour du pied , &
donner une fois ou deux la se-
maine deux ou trois voïes d'eau
à chaque pied, selon qu'il est
plus ou moins gros.

## Groseillers picquants.

Il ne faut pas retrancher aux
Groseillers picquants les grosses branches qui ont porté fruit
comme aux autres de Hollande, tant rouges que perlées,

parce que les picquants ne font pas de grands jets comme les autres.

Je croi qu'il suffira d'avoir une centaine de pieds de Melons ; sçavoir cinquante pour le mois de Juillet & d'Août, afin d'en pouvoir envoïer de ces premiers à Paris ; & ce font ceux qu'on aura femez fur couche à la fin de Fevrier, & replantez fur d'autres à la fin de Mars, ou au commencement d'Avril.

Les autres cinquante pieds feront pour l'arriere faifon de Septembre & Octobre, & feront ceux qu'on aura femez fous cloche en pleine terre dés le commencement d'Avril, & laiffez en place ; ou bien ceux qu'on aura élevez fur couche dés la mi-Avril fans cloches,

& qu'on aura replantez en pleine terre vers la mi-May. Il
faut être soigneux de les bien
tailler, & ne laisser sur chaque
pied que les Melons bien faits,
retrancher les tortus & mal-bâ-
tis, qui ne peuvent jamais devenir bons, & prennent cepen-
dant la nourriture qui pourroit
être emploïée à nourrir les
autres, & à en faire venir de
nouveaux.

J'estime qu'il n'en faut jamais laisser plus de trois du
quatre sur chaque pied, encore est-ce beaucoup. Mais il y
a plaisir de voir dés la premiere
séve deux beaux Melons sur
chaque pied ; parce qu'il arrive d'ordinaire que quand ces
deux Melons ont pris leur groffeur, c'est à dire au bout de

trois semaines quand le pied est vigoureux & bien entretenu de taille & d'arrousement, il en pousse encore deux ou trois autres, qui souvent ne sont pas moins bons que les premiers.

J'ai marqué que c'est dés le mois de Mars qu'il faut ôter les branches mortes des Figuiers ; c'est la seule taille qui leur est necessaire ; hors que si par hazard ils avoient poussez quelque grande & longue branche en maniere de faux-bois, il la faut couper environ à un pied & demi de long, pour en faire sortir quatre ou cinq petites qui garniront bien l'Arbre, & feront beaucoup de fruit pour le mois de Septembre.

## *Champignons.*

J'ai marqué deux tems pour les couches à Champignons, fçavoir au mois de Juin, & celle-ci on la fera de même maniere que j'ai marqué au mois de Fevrier.

Quant à la couche de Champignons durant l'Eté & les grandes chaleurs, il faut être foigneux de la couvrir de litiere bien feche & legere environ un demi pied d'épaiffeur : il la faut auffi un peu arroufer une fois la femaine ; & pour bien faire il faut ôter vôtre couverture de litiere, & la remettre aprés l'avoir arroufé.

Il faut tous les jours vifiter ces fortes de couches, quand

elles commencent à donner des
Champignons, de-peur qu'on
n'y en laiſſe pourir inutilement
de beaux : les couches de fumier nouveau ſont d'ordinaire
quatre ou cinq mois avant que
produire ; il faut ce tems avant
que de ſe chanſir & ſe diſpo-
ſer à fructifier ; & quand elles
ont commencé, elles peuvent
donner des Champignons cinq
ou ſix mois de ſuite, pourvû
qu'elles ſoient bien ſoignées,
c'eſt-à-dire garanties du grand
froid des gelées, & du grand
hâle des chaleurs extraordi-
naires, durant leſquelles il faut
les avoir arrouſées.

## *Laituës Romaines & Chicons.*

J'ai oublié de dire dans le

mois de May, que quand on lie les Laituës Imperiales , il ne les faut laiſſer liées que quatre ou cinq jours tout au plus : c'eſt une eſpece de Laituë extréme-ment tendre & délicate, & qui ſe pourit fort aiſément. Les Chicons ſont plus long-tems à blanchir, parce qu'ils ne ſont ni ſi tendres, ni ſi délicats ; il leur faut huit ou dix jours : & d'abord que les uns & les au-tres ſont liez, ils ne demandent plus d'eau ; & pour éviter que la pluie ne les gâte, il faut en les liant les ſerrer extrémement par enhaut, pour ne laiſſer au-cun paſſage à l'eau qui leur pouriroit aiſément le cœur. Je n'ai point dit qu'il ne les faut lier les uns & les autres que par un tems fort ſec, & aux en-

virons

virons de Midi, parce qu'il n'y
a point de Jardinier qui n'ait
cette connoiſſance.

## *Arbres languiſſans.*

Si quelqu'un des Arbres du
Fruitier paroît languir dans les
terrains peu humides , il ſera
bon de faire un grand cerne
tout autour, d'un pied de profondeur &, lui donner cinq ou
ſix voies d'eau, & aprés quel-
le ſera imbibée , recouvrir ce
cerne avec la même terre : ſi
on avoit des cendres à mettre
dans ce cerne avant que d'arrouſer, deux ou trois doigts d'é-
pais , ce ſera un merveilleux
ſecours à l'Arbre : cet arrouſement ſe doit faire dans les mois
d'Avril, de Juin & d'Août, ſi

l'Arbre témoigne par ses feüilles seches & pâles, & par ses
jets petits & rabougris, & par
son fruit petit, tortu & re-
chigné, avoir besoin de quelque remede.

Cette arrousement est sur tout
tres - necessaire aux Arbres
foüillez au pied l'hyver precedent & aux nouveaux plantez,
quand il n'a pas raisonnablement plû, & que les Arbres ne
pouffent pas vigoureusement.

## Tubereuses.

Pour avoir des Tubereuses
dans les mois de Septembre &
Novembre, il faut garder les
plus gros & plus beaux Oignons, pour ne les mettre en
pot que vers le vingtiéme d'A-

vril ; & pour lors il faudra les
mettre dans une couche un peu
vieille faite , & qui n'ait que
fort peu de chaleur , de-peur
qu'elles ne se hâtent de monter.

*F in de l'Instruction du Jardin
Potager.*

# INSTRUCTION

## OU

## L'ART DE CULTIVER

## LES FLEURS.

---

### Du Terroir.

QUAND' le Ter-
roir d'un Jardin est
fort sec, l'Auteur
conseille de le par-
tager enforte, que les Fleurs

d'Hyver regardent le Midi, & celles d'Eté le Septentrion ; car la partie moins expofée au Soleil eft moins fujette au hâ-le ; & c'eft ce que les Fleurs eftivales demandent.

## Le tems d'arroufer les Plantes.

L'Heure d'arroufer les Plan-tes, c'eft le Soleil cou-chant en Eté, & le levant en Hyver, de-peur que l'eau trop échauffée ne pouriffe les fe-mences en une faifon, ou qu'é-tant trop froide en l'autre, elle n'en éteigne la vie avec la foif.

## Des Terres.

LA meilleure Terre pour les Jardins, est celle qui est fort tendre & délicate, je veux dire, ni trop grasse, ni trop maigre.

Il faut bien prendre garde à ne pas mettre les Fleurs dans de la terre boüeuse, où le fumier ne soit pas entierement consumé, autrement la chaleur étouffante du Fumier nouveau brûleroit les Oignons, ou les pouriroit.

Au Banquet de Flora, il fut arrêté par Ordonnance des Dieux, que l'on ne corromproit plus la Terre par un mélange inutile de cendres ou de

table ; mais que l'on useroit
d'une Terre pure & franche,
un peu grasse neanmoins pour
suffire à la nourriture des Fleurs,
& tirée des Jardins Potagers,
où le fumier par un long se-
jour est parfaitement converti,
& dont les herbes ont succé à
loisir ce qu'il avoit de trop
gras.

## Des Fleurs Bulbeuses.

LEs Fleurs Bulbeuses, c'est à
dire qui viennent sur
des Oignons, ont été la plû-
part inconnuës aux Anciens.
Celles qui ont maintenant la
vogue se reduisent presque
toutes à deux especes ; sçavoir
de Narcisses & d'Hyacinthes.

## *Des Parterres.*

Uiconque ſe propoſe d'enſemencer un Jardin, doit premierement ſemer ſur le papier, c'eſt-à-dire tirer un plan de ſon Parterre, & marquer preciſément ce qu'il veut mettre en chaque quarreau.

Norvecius témoigne avoir reconnu par experience, que les Plantes qui portent une Fleur plus groſſe que leur racine, réüſſiſſent mieux étant ſeparées des autres, que mêlées avec elles. A ce compte-là, vous planterez diſtinctement les Renoncules, les Anemones, les Jonquilles, les Tulipes & autres ſemblables.

Tran-

Tranquillus Romaulus conseille d'éloigner l'Anemone du Renoncule, car s'il en approche il la brûle & lui dérobe la nourriture.

---

## *Le tems de planter.*

J'Ai encore à vous avertir, que le vrai tems de planter ou semer, c'est lorsque la terre brûlée des chaleurs d'Eté a été rafraîchie, au-moins à trois reprises d'une forte pluie, qui l'ait penetrée de la hauteur d'une palme.

Vous observerez pareillement, comme une maxime importante, de planter ou semer lorsque le tems est tiede, & le vent tourné au Midi, parce

I

que cette conſtitution de l'air ouvre les pores de la terre, en éleve des vapeurs favorables aux Plantes, & les aide à prendre racines ; au lieu que ſi le tems eſt froid & que la biſe ſouffle, la terre reſſerrée en ſoi embraſſe mal les ſemences & les tient en langueur, ne pouvant les échauffer de ſon haleine maternelle, ni donner lieu à la tranſpiration de ſes vapeurs.

Les plus experts Jardiniers ont enfin découvert, que le meilleur tems de replanter, c'eſt quatre jours devant la pleine Lune, & quatre jours aprés. Quelques-uns diſent qu'il faut planter la Lune croiſſante, & ſemer en ſon declin.

Mais, Ferrarius introduit la

Lune, donnant cet avis à la Déesse Flora : Vous pouvez hardiment enfemencer vos Jardins depuis l'équinoxe d'Automne, c'est-à dire le vingt-deuxième Septembre, jufqu'à pareil jour du mois d'Octobre, que le Soleil entre au Signe du Scorpion ; & ma Planette favorifera particulierement vos Plantes ou Semences, fi vous les faites depuis fon huitiéme jour jufqu'au quinziéme ; mais fur tout le douziéme eft à obferver.

## *Pour planter les Oignons.*

Avant que mettre en terre quelques Oignons que ce foit, aïez foin de les dépoüiller de leur vieille peau,

je veux dire d'en ôter tous
les fibres & les membranes
feches & inutiles. Vous laisse-
rez feulement à la Tulipe fa
derniere tunique, comme une
chemife qui la défend des in-
jures exterieures.

Vous fçaurez auffi, que les
Oignons qui viennent des In-
des, dont une grande partie
font efpeces de Narciffes, ne
fleuriffent pas dans nos Jardins,
s'ils ne font plantez à fleur-de-
terre : car l'on a fouvent éprou-
vé qu'ils fleuriffoient, lorfque
la tête de l'Oignon étant ca-
chée en terre, fa pointe paroif-
foit au dehors ; au lieu que fi
on les enfonce davantage, tandis qu'ils cherchent la chaleur
du Soleil, ils confumént en la
longueur du germe ce qui de-

vroit servir à la production de la Fleur.

❋❋❋❋❋❋❋❋:❋:❋❋❋❋❋❋❋❋

## *Pour semer les graines.*

HEnri Corvin Herboriste tres-expert, avant que semer les graines qui ont la peau dure, met de l'eau dans un plat, avec un peu de nitre, & les y laisse tremper douze heures, plus ou moins, selon la dureté de l'écorce ; puis les aïant mises en terre, il les ar-rouse de cette même eau. Il y en a d'autres qui usent de ce remede contre la dureté des graines : ils les prennent d'une main avec de petites pinces, & de l'autre ils hachent l'écorce avec un coûteau bien tren-

chant, ou l'emportent avec la
lime, ou enfin ils fement ces
fortes de graines encore tendres, avant qu'elles foient bien
meures ; & ce défaut de maturité ne les empêche pas de venir heureufement.

Si vous voulez que vos Oignons fe multiplient en terre,
ne les levez qu'au bout de deux
ou trois ans ; mais fi vous vous
contentez d'en avoir des Fleurs,
il eft bon de les lever chaque
année.

## Le tems de lever les Oignons de terre.

LE tems de lever les Oi-
gnons, c'eft depuis la Na-

tivité de Saint Jean, jusqu'à la fin du mois d'Août, lorsque les fibres & les feüilles sont desse-chées par les chaleurs de l'E-té. Tous neanmoins ne veu-lent pas être levez en même-tems ; car il y a des Plantes hâtives qu'il faut lever de bon-ne heure, parce qu'au mois d'Août, si le tems est plu-vieux, elles poussent de peti-tes racines. Pour celles qui sont tardives, il ne faut pas se pres-ser.

Aïant tiré vos Oignons de terre, frotez-les l'un aprés l'autre, pour en ôter l'ordure ( excepté les Tulipes ) & en retranchez les racines seches, mais ne touchez point aux tu-niques exterieures, pour flé-tries qu'elles paroissent ; car el-

les les garderont de se corrom-
pre, comme il arriveroit facilement, si vous le mettiez à nud :
Etant secs, mettez chaque espe-
ce à part pour les garder : Ne
les laissez pas à l'air, autrement
la pluie & la rosée leur nuiroit,
& le Soleil encore davantage :
Mais tenez-les deux jours en
un lieu un peu chaud, afin
qu'ils sechent parfaitement, &
puis les étendez sur le pavé
d'une chambre fraîche & seche, ou les gardez de quelque
autre façon.

## Des Anemones.

VOus tiendrez le même
ordre, soit à lever, soit à
replanter les Anemones qui

veulent être levées tous les ans, quoi qu'on en puiſſe dire; car j'ai ſouvent experimenté que demeurant plus long-tems en terre, elles ſont fort ſujettes à ſe geler & pourir.

## *Des Renoncules.*

SI vous n'êtes ſoigneux de lever les Renoncules auſſi-tôt que leur feüille eſt tombée, elles ſe pouſſent d'elles-mêmes hors de terre comme les racines, & periſſent le plus ſouvent au Soleil.

## *La Pæone, & la Fritillaire.*

LA Pæone veut être gar-dée en un lieu ſoûterrain,

ou dans la terre même que vous accumulerez au-dessus, ensorte qu'elle ne sente point le Soleil.

La Fritillaire & les Plantes semblables qui sont tendres & charnuës, ont même besoin d'une couverture fraîche & humide comme est la terre ; autrement n'étant point couvertes, elles se rident ou dessechent entierement.

Il faut foüir au pied des Martagons d'abord que la fleur est passée, & en couper bien proprement la tige verte ; car ils n'ont point de racines tandis qu'ils sont en fleur, & ne commencent d'en jetter qu'aprés qu'ils sont défleuris.

## *Des Lys.*

POur garantir les Lys blancs des cloportes, & autres vermines qui les rongent, il faut de bonne heure les secoüer sur un linge & les jetter au feu.

## *La maniere qu'il faut faire pour conserver les graines.*

VOus ne cueillerez pas indifferemment toutes les Fleurs de vôtre Jardin ; mais sur chaque pied vous en reserverez quelques-unes de celles qui ont les feüilles plus grandes & plus doubles pour monter en graine, & vous ôterez toutes les autres, afin que celles qui demeureront grainent davantage.

Entre les semences, vous choisirez celles qui par leur grosseur & leur pesanteur tomberont au fond de l'eau.

Le profit qu'il y a de semer des graines, c'est que si elles viennent tard ( car il est certain que les Oignons fleurissent plus promtement ) en récompense elles produisent des Fleurs de diverses sortes, & bien souvent differentes en beauté & en couleur des anciennes Plantes.

## Le moïen de multiplier les Oignons.

Lorsque vos Oignons ne porteront point de caïeux, faites une petite incision avec l'ongle au fond de l'Oignon, dans cet espace d'où sortent les racines, & en enlevez de petites parcelles. Autant que vous lui ferez de plaies, autant vous donnera-t-il des caïeux. Il y a neanmoins des Oignons si delicats, que vous ne sçauriez faire cette violence à leur fecondité, sans les mettre en danger de la vie.

## *Pour transporter les Oignons bien loin.*

SI quelqu'un veut transpor-ter bien loin des Oignons, qu'il les envelope de mousse, ou de papier broüillard, & les mette dans des boëtes : s'ils se moisissent ou dessechent en chemin , il faudra leur ôter toutes les tuniques endomma-gées , & souvent le cœur se trouvera sain & entier : Tou-tefois, s'il est question d'Ane-mones , il faut les enveloper premierement d'étoupes ou de coton, & puis les couvrir de papier.

Si ce sont de vives racines que l'on veüille porter bien

loin, ou des Plantes qui aïent
la racine fibreuſe, il faudra
tremper de la mouſſe dans du
miel, & les en revêtir juſqu'au
milieu. Si neanmoins le voïa-
ge eſt moindre que de huit
jours, la mouſſe trempée dans
l'eau fraîche ſuffira pour les
conſerver.

## Des Plantes que l'on veut transplanter.

A L'égard du plant non
enraciné que l'on veut
tranſporter, on le plonge dans
le miel, ou bien l'on pêtrit de
l'argille avec du miel, & l'on
en fait des maſſes de la groſſeur & de la forme d'un limon

de Calabre, où l'on fiche les
ſcions ou plantals par le gros
bout, ſçavoir quatre ou cinq
en chaque maſſe, & puis l'on
envelope de mouſſe, tant l'argille que le reſte des branches,
& on les met dans des caiſſes.
Au lieu de cette pâte, l'on peut
ſe ſervir de pommes vertes
ſucculentes.

## Des Narciſſes.

LEs Narciſſes, pour la plû-
part, ſe plaiſent en un terroir ſec & ſablonneux ; celui
neanmoins qui a la fleur double demande une bonne terre,
mais non pas graſſe, autrement
elle pouriroit l'Oignon. Il faut
les

les enterrer à la hauteur de cinq ou six doigts, & à la distance d'une palme.

*Des Jonquilles.*

LEs Jonquilles aiment la terre des Jardins Potagers, qui ne soit pas fort exposée au Soleil. Elles se plantent à la hauteur de quatre doigts, & distantes d'autant.

La Jonquille Automnale blanche veut être à l'ombre, dans une terre legere, à la hauteur de trois doigts, & à la distance de deux. Il ne la faut lever que bien rarement. En Eté, pour la défendre du Soleil, on la couvre d'un monceau de terre, que l'on ôte quand la

K

chaleur est passée.

Tenez pour certain, qu'on ne sçauroit lever les Narcisses d'Inde, sans leur faire un notable prejudice.

Les Crocus se plante dans une terre assez grasse, à la hauteur & distance de trois doigts.

## *Du Colchicum, ou Bulbe sauvage.*

LE Colchicum, ou Bulbe sauvage, que les Apotiquaires appellent Hermodate, *vulgo* Mort-au-chien, se plaît dans une bonne terre, & suffisamment exposée au Soleil, à la hauteur de quatre doigts ou environ.

## De la Couronne Imperiale.

LA Couronne Imperiale veut être plantée dans un terroir de Jardin Potager, un peu maigre, & qui ne soit pas trop exposé au Soleil, à la hauteur de cinq doigts, & à la distance d'une palme ; d'autant qu'elle a la chair fort tendre & sans aucune couverture, elle souffre quand elle est hors de terre : C'est pourquoi vous ne la remuërez point, si ce n'est pour en separer les caïeux.

## Des Tulipes.

L'Experience nous a appris que les Tulipes profitent

merveilleufement, & fleuriffent magnifiquement dans une
terre fumée, où l'on ait mis
des Anemones l'année precedente pour la dégraiffer. Elles
n'aiment pas moins cette terre
fine & deliée comme de la fleur
de farine, que les eaux entraî-
nent & amaffent au pied des
lieux élevez : generalement
parlant, elles aiment la me-
diocrité, foit pour la qualité
du terroir, foit pour la chaleur du Soleil.

Si vous voulez femer des
Tulipes, ne prenez pas la
graine des Printanieres, car
celle des tardives vaut mieux,
& pennache plus facilement.
Touchant les couleurs, l'on
choifit les blanches qui ont le
fond noir, ou bleu, ou bien les

rouges d'écarlate, qui ont le fond de couleur bleuë, tirant sur le violet, & bordé d'un cercle blanc; car ces deux sortes de graines produiront des Fleurs bigarrées d'une belle varieté de couleurs.

D'abord que les pluies de Septembre sont venuës, il faut emplir un pot de bonne terre de Jardin Potager bien menuë, & y ensevelir les graines de la hauteur d'un demi doigt. Les jeunes Oignons ne se levent qu'au bout de deux ans : mais étant ainsi cultivez, la quatre ou cinquiéme année, vous en tirerez un nombre de Fleurs agreablement pennachées.

La Tulipe de Perse se leve tous les ans, autrement elle s'enfonce trop bas. Il est inu-

tile de la femer, vû que fa couleur eft invariable.

### Des Fritillaires.

LEs Fritillaires veulent être
plantées en un terroir frais
& peu découvert, & arrou-
fées bien à propos pendant les
chaleurs de l'Eté : Elles fe portent mieux dans des pots, qu'en
pleinne terre, & fe plantent à
la hauteur de trois doigts.
Celles qui viennent de graine
font toûjours de la couleur de
leurs meres. S'il eft befoin de
les lever, faites-le au mois de
Septembre, & les replantez
incontinent, à caufe de leur
petiteffe & de leur nudité.

## Des Iris, des Martagons, & des Satyrions.

LEs Iris qui ont la racine cal-
leuse, se mettent dans une
terre mediocrement bonne, à
la hauteur de trois doigts : &
ceux qui ont la racine bul-
beuse, dans une terre maigre
& seche, à la hauteur de deux
doigts. Les premiers aiment le
Soleil ; les derniers n'en veulent point : mais les uns & les
autres se levent de trois ans
en trois ans, sur la fin de Juillet, & se recouchent en Septembre.

Les Martagons & leurs semblables, demandent une terre

de Jardin Potager , un peu
graſſe & legere, qui voje peu
le Soleil , & qui ſoit fraîche,
mais non pas trop humide. Ils
ſe plantent à la hauteur & à
la diſtance d'une palme ; il ne
faut pas les lever , ſi ce n'eſt
pour en ſeparer les caïeux : le
tems de les tranſplanter , c'eſt
lorſqu'ils ſortent de fleur, comme auſſi les Couronnes Imperiales : on a beau les ſemer, ils
ne changent point de couleur.

Le Satyrion & l'Orchis, que
le vulgaire appelle *teſticulos ca-*
*num*, ſe plantent en des lieux
humides & ombragez , à la
hauteur de cinq doigts.

## De la Tubereuse.

LA Tubereuse demande une bonne terre, legere, forte, bien exposée au Soleil, & arrousée largement pendant tout l'Eté : Elle réüssit mieux dans un pot qu'en pleine terre, parce que jettant moins de caïeux dans un pot, toute sa force est occupée autour de la Fleur. On l'enterre à la hauteur de trois ou quatre doigts : le froid approchant, on la serre dans un lieu couvert, & neanmoins airé. Tous les ans on la leve au decours de la Lune de Mars : Si on veut l'envoïer ailleurs, on la peut lever sans crainte d'abord que ses feüilles

L

font tombées. On la feme comme nôtre Hyacinthe commune, fans efperance qu'elle change de couleur.

## De la Hyacinthe.

SI vous voulez femer nôtre Hyacinthe, afin d'en avoir de plufieurs couleurs, prenez garde qu'il n'y ait point de caïeux au pied de celui que vous referverez pour graine : Coupez le fommet fleuri de fa tige, & ne laiffez que trois ou quatre Fleurs des plus baffes pour grainer. Vous le femerez en Septembre, ou en Octobre, & pourez tranfplanter les jeunes Oignons au bout de deux ans ; car alors ils feront de la

groſſeur d'une noix. Ils fleu-
riſſent d'ordinaire à l'âge de
trois ans ; mais vous ne ſçau-
riez encore porter un juge-
ment aſſûré de leurs bonnes
ou mauvaiſes qualitez ; il faut
attendre que la quatriéme année vous en donne des mar-
ques plus certaines.

## Du Cyclamen.

LE Cyclamen, ou Pain de
Pourceau, tant celui du
Printems, que celui d'Au-
tomne, aime une terre legere,
graſſe pourtant, & qui ne ſoit
pas trop expoſée au Soleil. Il
le faut planter à la hauteur de
deux doigts, & le tranſplanter
rarement : les talles ou rejet-

tons de la racine ne valent rien à planter.

## De l'Anemone.

L'Anemone qui a la feüille large fleurissant plus tard que les autres, doit être plantée de meilleure heure, c'est-à-dire trois jours devant la pleine Lune de Septembre : Mais l'Anemone qui a la feüille étroite étant sujette à fleurir en Hyver, l'experience a fait voir qu'il étoit assez tôt de la planter au mois d'Octobre. Toutes en general aiment le Soleil. On les plante à la hauteur de trois ou quatre doigts. Etant semées, elles viennent de tant de sortes de couleurs, & si diverſes, que c'eſt merveille. La meilleure graine, à l'égard des Anemones qui ont la feüille large, eſt celle qui ſe prend ſur des Fleurs plus doubles. A l'égard de celles qui ont la feüille petite, il n'y a que les ſimples qui portent de la graine ; mais ſi heureuſement, qu'elle produit quelquefois des Fleurs doubles & pennachées. Il faut cueillir la graine en plein Midi, lors qu'étant fort ſeche, le bouton cotonneux qui l'enferme s'entr'ouvre de lui-même ; & enlever un petit morceau de la tige avec la graine, afin qu'elle meuriſſe plus commodément. On la ſeme ſur la fin du mois d'Août, apres que le Soleil a quitté le ſigne du Lion : car ſemant ainſi par

L iij

avance, l'on a souvent au bout de huit mois une Fleur hâtive, qui fait juger de la qualité de la Plante : Au plus tard vous la semerez le douziéme de la Lune de Septembre ; pour cela vous emplirez un pot de terre legere, moite, & bien saffée, où vous jetterez la semence mêlée de terre, parce qu'elle est fort menuë, & la couvrirez de la même terre de l'épaisseur d'un coûteau : le matin, vous lui donnerez deux ou trois heures de Soleil, jusques à ce qu'elle commence à monter en herbe, & l'arrouserez par intervalles fort legerement, de-peur de découvrir la semence, qui n'est guere avant dans terre.

## Des Renoncules.

Vant que de planter le Renoncule rouge, il faut le faire tremper vingt-quatre heures dans l'eau, afin qu'étant amoli, il germe plus facilement. On le plante en Septembre, trois jours devant la pleine Lune, dans une terre fort graffe, comme feroit de la fiente d'homme bien confumée : il ne faut pas l'enfoncer plus bas que deux doigts, ni l'approcher d'autres Fleurs, de-peur qu'il ne les brûle : D'abord il demande le Soleil, pour prendre couleur à fes raïons ; & puis l'ombre, pour fe conferver plus long-tems en fleur. Il le faut

L iiij

lever incontinent que ses feüilles & tiges sont fanées. Pour
les autres Renoncules, on a
coûtume de les lever & replanter au mois de Septembre.

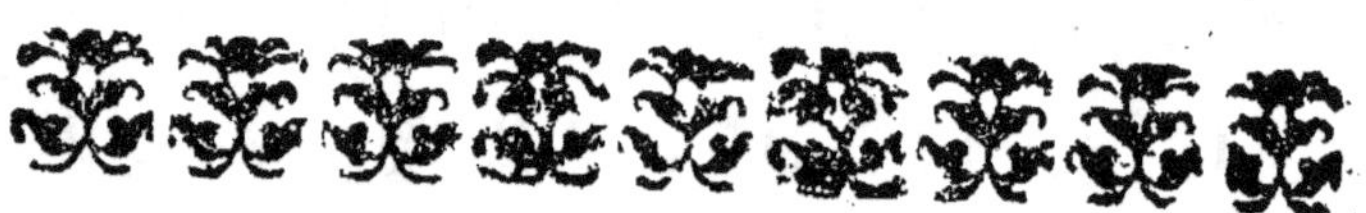

## *Du Trachelium Americanum.*

LE Trachelium Americanum
se plaît dans une terre de
Jardin Potager bien trempée,
& qui ne soit pas sujette à en-
gendrer des vers ; il le faut
mettre dans un pot, à cause
de sa delicatesse. Quoi - qu'il
resiste au froid, il est plus sûr
neanmoins de lui faire passer
l'Hyver dans un lieu tiede :
Comme il aime la chaleur, il
ne faut pas lui épargner l'eau.

Pour le conserver, il faut le lever tous les ans, autrement la multitude de ses caïeux l'accable & l'emmaigrit : il se replante au commencement du Primtems, & se provigne du pied.

## Des Oeillets.

L'Oeillet vient de semence & de boutures. Pour en avoir de bonne graine, il ne faut reserver qu'environ deux Fleurs sur tout un pied. Quand la graine est noire, & que les bourses s'entr'ouvrent, c'est signe de maturité : En chaque bourse, ce qui est au fond est le meilleur ; car prenant plus de nourriture, il est mieux rem-

pli, & par conséquent plus fe-
cond. La graine d'Oeillet blanc
en engendre de couleurs fort
diverses. Entre les pennachez,
celui qui a des taches brunes
ou noirâtres fournit de la graine excellente, pour en avoir de
quantité de fortes. Enfin la
grosse couleur fauve dégenere
souvent en une belle varieté
d'especes, & en produit quelquefois de tout blancs. Vous
n'attendrez pas le mois d'Octobre pour les semer ; mais d'a-
bord que la graine sera cueil-
lie, il faudra la remettre en
terre, afin d'avoir des Fleurs
dans l'année : & si vous voulez
qu'elles soient bien doubles,
semez le quatorziéme jour de
la Lune, le vent tourné au
couchant Equinoxial : Que si

le vent n'eſt pas favorable,
vous differerez de ſemer juſqu'à pareil jour du mois ſuivant : la ſemence doit être
couverte de la hauteur d'un demi doigt. Le vrai tems de
faire les boutures, c'eſt le vingt-
huitiéme de Septembre, comme auſſi depuis le mois de Fevrier juſqu'au milieu de Mars.
Pour avoir abondance de
Fleurs en Hyver, vous cou-
perez les montans d'Eté, lorſqu'ils commencent à bouton-
ner ; ainſi les premiers jets
étant ôtez, ceux qui vien-
dront en leur place ne ſeront
pas en état de fleurir devant
l'Hyver.

## Des *Jafmins d'Efpagne.*

L'On ente le Jafmin d'Ef-
pagne fur un Jafmin fau-
vage de la groffeur du doigt,
au mois de Mars & en decours
de Lune. Aprés qu'il a pouffé
le cinquiéme œil, ou bourgeon,
il faut couper le fommet des
branches, afin qu'elles deviennent plus touffuës, & qu'elles
portent davantage de Fleurs.
Il vaut mieux le tourner au
Soleil Levant, qu'au Couchant:
il veut être fouvent arroufé, &
vient de boutures.

## De la Rose d'Italie, & du Caltha Palustris double.

LA Rose d'Italie, qui n'est jamais dégarnie de Fleurs, & que l'on appelle Rose de tous les mois, veut être taillée au moins deux fois l'année.

Le Caltha Palustris double, & de couleur jaune, veut être mis en un vaisseau qui ne soit point percé, afin de contenir l'eau, & dans une terre grasse, à la hauteur d'un doigt. L'eau ne doit pas surnager ; il suffit qu'elle soit fangeuse comme du limon.

*Fin de l'Instruction pour cultiver les Fleurs.*

# INSTRUCTION
## POUR
## CULTIVER ET GREFFER
### LES
## ARBRES FRUITIERS.

---

## CHAPITRE PREMIER.

LEs Arbres venans dans le gravier peuvent être transplantez où l'on voudra, parce qu'ils ont quantité de racines ; ce qui n'arrive pas aux Arbres qui viennent dans la terre d'argille, parce que cette terre étant fraîche d'elle-même, & trouvant nourriture dans le fond, ils pouffent toûjours leurs racines en bas ; ce qui fait que l'on les appelle or-dinairement racines de raves, à cauſe qu'ils n'ont point de che-velure : c'eſt pourquoi il les faut tranſplanter dans la même ter-re ; car les plantant dans des ter-res legeres, ils ne prennent point de nourriture, n'aïant point de chevelure, quand même l'on amenderoit ces terres.

## CHAPITRE II.

POur diſtinguer les bons ſauvageons Poiriers, il faut prendre garde que leur écorce ſoit blanche, & qu'ils ſoient piquants comme l'épi-ne blanche, & que leurs raci-nes ſoient en forme de pivot, c'eft-à-dire enfoncées en terre par quatre ou cinq racines ; ce que ne font pas les mauvais fauvageons, dont les racines rampent fur la terre comme les Coignaffiers : de telle forte, qu'ils font incapables de prendre une grande nourriture & de devenir grands, & d'apporter du fruit fi ils font entez ; ce qui n'arrive pas aux bons.

Les Poiriers entez fur le bon Franc, rapportent de meilleur Fruit que ceux qui font greffez fur le Coignaffier, à caufe que le Franc a la féve douce, & le Coignaffier l'a rude & rend le Fruit aigre ; & que les Arbres fe portent mieux fur le Franc, prenant plus de nourriture que quand ils font fur Coignaffiers : Et afin qu'ils donnent

du

du Fruit auffi-tôt que ceux qui font fur le Coignaffier, il faut les tailler longs, & leur donner plus de liberté.

Les Arbres plantez dans une terre feche & fablonneufe, ne portent point de beaux Fruits, s'ils ne font amendez avec de bon fumier de cheval, ou de vache bien confommé.

CHAPITRE III.

LEs Arbres greffez en Franc fur le Franc, portent le plus tard du Fruit.

Les Arbres doivent être entez les fix derniers jours du decours de la Lune, ou les deux premiers de la nouvelle Lune. S'ils font cinq ou fix ans fans

M

rapporter, se mettant toûjours en bois, il les faut tailler en même-tems de la Lune, particulierement les Arbres sujets à gommer.

Il ne faut jamais enter à œil dormant, ni en écusson, quand il pleut, ou fait mauvais tems.

Quand on veut élever un Arbre à haute tige , il ne faut mettre qu'une greffe : si on le veut laisser en buisson , ou en Espalier , il en faut mettre deux, une d'un côté , & l'autre de l'autre , afin que l'Arbre se garnisse des deux côtez.

Il ne faut generalement laisser aucunes branches aux Arbres que l'on ente, si ce n'est aux Arbres greffez à œil dormant.

## CHAPITRE IV.

LOrs que l'on veut mettre deux greffes dans une même fente, il faut qu'elles soient d'une même force & de même âge, parce que la forte accable la foible, & l'empêche de s'unir à la séve. Il faut que les greffes aïent deux ans, c'est-à-dire qu'il y ait du vieux bois, & qu'ils aïent les boutons fort proches l'un de l'autre, & couper les greffes aux Rameaux du côté exposé au Midi, & que les boutons soient bien nourris, & la branche bien saine.

Et pour moi Aristote, je ne fais point de difficulté de cueillir les greffes dans le tems que je veux greffer en tête, parce que les greffes qui sont toutes fraîches cueillies sont meilleures que celles qui sont alterées.

On peut greffer en poupée au mois de Novembre, & pendant la gelée.

Pour faire du Fruit musqué, il faut tremper les greffes vieilles cueillies dans de l'eau sucrée, six ou sept heures aprés les avoir taillées propres à greffer : leur saridité fait qu'elles s'imbibent de cette humeur ; ce que les branches nouvelles ne feroient pas, à cause de la plenitude de leur humeur.

Pour éviter à pincer les greffes, il les faut greffer à la pousse, au mois de Juillet, sur la fin

de la féve ; car les bourgeons ne
s'élevent pas affez pour être
coupez, & ils fe fortifient fuffi-
famment pour pouffer des branches ; & ainfi l'on évite la blef-
fure que l'on fait à l'ente en la
coupant.

Les Merifiers qui ont une
écorce groffe & noire, font
meilleurs que ceux qui ont une
écorce fimple & jaune ; ainfi
que les Gogues, Cerifiers &
Amandiers qui ont une pa-
reille écorce fimple & jaune
ne valent rien.

Les Griotiers, Cerifiers & Bi-
garreautiers réüffiffent mieux
fur les bons Merifiers, que fur
le Cerifier, parce que ces Arbres font dune grande nourri-
tures, que les Cerifiers ne peuvent pas fournir ; ce qui fait que

les entes font languiſſantes ſur
le Ceriſier.

L'humidité cauſe plûtôt la
jauniſſe aux Arbres, que le
chaud.

Pour défendre les Arbres
de la gelée, & des mauvais
vents qui les brûlent, il faut les
labourer ſur la fin de l'Automne, & ne les point labourer
quand ils ſont en fleur : il faut
attendre que le Fruit ſoit bien
noüé, & déja un peu gros, parce
que le labour rafraîchiſſant la
terre, rend une ſi grande froi-
deur, qu'elle cauſe la gelée, &
attire toutes les mauvaiſes vapeurs, particulierement aux Arbres qui ſont ſujets aux gelées
du Printems, & aux tourbil-
lons de vents, comme Abricotiers, Pêchers & autres.

## CHAPITRE V.

POur bien gouverner les Pêchers & Abricotiers, il les faut premierement labourer à la fin de l'Automne, & ne les point labourer au Printems, que le Fruit ne soit déja gros, comme il est dit ci-devant ; les palissader & tailler à l'Automne : & la taille que l'on fait au mois de Septembre, aprés que les Arbres ont fini leur pousse, est cause que l'on gagne la premiere séve du Printems, & cela pour toutes sortes d'Arbres. Plusieurs croïent que les Arbres ne profitent point durant l'Hyver ; & moi, Aristote, je dis qu'ils profitent ; que le bois grossit, & les bouts à Fruit grossissent & se fortifient aussi bien qu'en Automne, parce que la séve monte toûjours aux extrémitez.

Toutes ces façons de faire ne valent rien.

Les Pruniers de Saint-Julien ne mangent point la terre, car ils ne rampent point comme fait le Damas noir ; mais il pique comme le Poirier franc, & ne mange point la terre de ceux qui sont auprés de lui ; & de-plus, sa séve est douce. Les greffes de toutes sortes de Fruits à noïau sont meilleurs sur les sauvageons de Saint-Julien. Plusieurs disent & veulent que le Damas noir est le maître, & que toutes les Plantes à noïau y font mieux que sur le Saint-Julien ; Aristote dit, qu'ils ne sçavent

ce

ce qu'ils difent, parce que toute Pêche liffée, Brugnons vio-
lets mufquez, Pêches violettes, Brugnons jaunes, Pêches-
cerifes, Alberges-pêches, &
Pavis, ne font rien fur le Damas noir, & deviennent jaunes
& languiffans, & le Pavi-al-
berge fait un bourrelet. Les
fufdites efpeces font parfaitement bien, étant greffées fur
l'Amandier doux.

## CHAPITRE VI.

IL faut décharger les Arbres
de leurs boutons, quand ils
en ont trop grande quantité,
& particulierement les Poiriers, parce que fi vous les
laiffez trop fleurir, ils pouffent

toute leur force à la fleur, &
l'Arbre en devient incommodé
& ſe jaunit, principalement
le bon Bon-chrêtien d'Hyver
& la Bargamote, & le Fruit en
devient galeux & raboteux. Il
n'eſt plus tems de les décharger aprés qu'il ont fleuri ; mais
il faut le faire à la fin de Septembre, en les taillant, aprés
qu'ils ont fini leur pouſſe, comme il eſt dit ci-devant.

Il y a de deux ſortes d'Ama-
dotes ; l'épineuſe, qui n'ap-
porte que fort peu & de mé-
chant Fruit ; & l'autre, la franche. Il faut mettre la franche
en Eſpalier, car en Buiſſon elle
ne fait que du bois : elle veut
être greffée ſur le bon Coi-
gnaſſier.

Tout Arbre greffé ſur le Coi-

gnaffier aïant la tête coupée
ne profite point, parce que le
Coignaffier n'aïant pas la féve
affez forte pour reparer la féve
& la plaie de l'Arbre, il de-
meure langoureux : c'eft pourquoi il faut bien prendre garde en greffant les Coignaffiers, d'y mettre de bon Fruit,
afin de n'être pas obligé de les
greffer pour une feconde fois,
qui feroit les perdre.

FIN.

# TABLE DU CONTENU EN CE LIVRE.

## Pour le Jardin Potager.

# TABLE.

# POUR LA CULTURE
### des Fleurs.

# TABLE.

# TABLE.



Fin de la Table.

cens livres d'amende, confifcation
des Exemplaires contrefaits, & de
tous dépens, dommages & interêts;
comme il eft plus au long porté par
lefdites Lettres de Privilege.

*Regiſtré ſur le Livre de la Com-
munauté des Libraires & Impri-
meurs de Paris, le 15. Juillet 1692.
Signé, P. AUBOUIN, Syndic.*

Achevé d'imprimer pour la premiere fois le 15. Septembre 1694.